简单轻松
"零失败"
健康生活每一天

阳台变菜园
健康四季蔬

◎ 黄峰华　著

U0321013

中国农业科学技术出版社

图书在版编目（CIP）数据

阳台变菜园：健康四季蔬 / 黄峰华著. —北京：中国农业科学技术出版社，2020.6

ISBN 978-7-5116-4756-6

Ⅰ.①阳… Ⅱ.①黄… Ⅲ.①蔬菜园艺 Ⅳ.①S63

中国版本图书馆 CIP 数据核字（2020）第 087804 号

责任编辑　白姗姗
责任校对　贾海霞
出 版 者　中国农业科学技术出版社
　　　　　北京市中关村南大街12号　邮编：100081
电　　话　（010）82106638（编辑室）（010）82109702（发行部）
　　　　　（010）82109709（读者服务部）
传　　真　（010）82106650
网　　址　http: // www.castp.cn
经 销 者　各地新华书店
印 刷 者　北京地大天成文化发展有限公司
开　　本　880mm×1 230mm　1/32
印　　张　5.25
字　　数　130千字
版　　次　2020年6月第1版　2020年6月第1次印刷
定　　价　39.80元

近年来，阳台种菜已悄然成为久居城市人群新的时尚生活潮流。人们从繁忙的工作中暂时抽离出来，回归"城市农夫"。从种子、容器的选择，到精心养护秧苗，再到最终收获，它充分满足了都市居民亲近自然、回归自然的内心需求，缓解了工作压力；自己种菜放心吃，没有了农药和化肥的污染，真正做到纯天然，在家随时收获绿色健康蔬菜，既满足了人们对食物安全的需求，又为家庭餐桌增添了一味佳肴。阳台种菜，为远离自然的孩子开设了家庭课堂，让他们在种植实践中认识蔬菜，了解植物的生长规律，普及了农耕常识；也为老人提供了放松身心、陶冶情操的美好空间。如果每家每户的阳台都有一片绿蔬，那么千家万户就共同建设了一座城市绿色菜园和天然氧吧，可以有效改善居住环境，是利国利民、利人利己的好事。

然而，对于大多数城镇居民来说，在自家阳台种植蔬菜还是一件新鲜事物，面对自己动手种菜，会产生诸多疑问：蔬菜种类繁多，不知道该如何选择；如何充分利用阳台内的有限场所，尽可能实现蔬菜多样化种植，延长阳台菜园的采摘期；阳台不同朝向对蔬菜生长有什么影响；蔬菜得病怎么办？最终可能由于缺乏蔬菜种植知识而放弃了阳台种菜这一美好的愿望。为此，笔者根据多年的实践经验，在参考大量文献资料及专家意见的基础上，编写了《阳台变菜园——健康四季蔬》一书，介绍了22种叶菜的家庭阳台种植方法。希望能够帮助热衷亲手种菜的朋友成功入门，从书中学会充分利用自家阳台空间，合理搭配蔬菜种类，亲手种出绿色的健康蔬菜，并从种菜中收获乐趣，实现城市田园生活的梦想。

内容提要

　　本书针对北方家庭阳台的环境特点及食用偏好，遴选22种常见绿叶蔬菜，对其在家庭阳台内的种植方法进行详细描述，旨在丰富都市居民的业余生活，在享受农耕乐趣的同时收获健康营养的蔬菜，培养人们家庭种菜的热情，轻松入门学会种植叶菜。全书采用图文对应的形式进行直观的介绍，形象生动，指导性强。内容包括：阳台种菜规划、阳台种菜的准备工作及基本技术、常见蔬菜种植方法等。本书图文并茂、清晰耐读、文字通俗易懂，介绍的种菜方法实用好学，适合指导广大城市居民家庭阳台种菜使用。

目　录

第三章　常见蔬菜种植方法 …………47

阳台种菜规划

  阳台是建筑物室内的延伸，家庭阳台具有接受光照、观赏纳凉、晾晒衣物等多种功能，如果规划得好，还可以变成具有田园气息的小菜园。对于新手来说，没有多少种植蔬菜的经验，经常会问如何规划阳台菜园？在什么环境条件下种植什么种类的蔬菜？的确，不同种类蔬菜需要不同的生长环境，因此，首先，需要了解不同阳台朝向的环境条件，其次，根据阳台朝向及面积对蔬菜种类及种植方式进行科学规划。

阳台种菜需要满足的条件

越来越多的现代人在忙碌的工作之余，通过在阳台种植一些花草、蔬菜来缓解压力，同时自给自足地生产一些安全营养的蔬菜。但并不是有土和阳台就能种菜，阳台种菜需要适宜的空间、合理的载体和种植知识。

一、适当空旷的空间

现代城市生活的居住空间成本较高，而拥有足够空旷的阳台更是一种奢侈。但是，植物的生长也需要一定的小环境，在阳台种菜需要开辟出适当的空间，周围尽量避免除植物以外的其他杂物，保持一定空旷和洁净的阳台空间是种菜的前提。

二、阳台的采光要好

植物需要进行光合作用才能生长，光是植物生长的必须要素之一，阳台种菜需要有良好的采光环境。目前的建筑结构中很多阳台采光条件并不是特别好，此时就需要开辟居家空间中其他采光条件适合的空间才能够种植。因此，采光条件是阳台种菜成功的保证。

三、充足的水肥

科学浇水、施肥是蔬菜种植成功的关键。因此，阳台种植蔬菜必须重视容器的排灌方便，排水堵塞、水分存留过多会造成种植蔬菜失败。阳台种植的土壤体积有限，限定的养分不能满足蔬菜的生长需求，而蔬菜生长过程中需要大量的养分，对于居民阳台蔬菜要尽量施用自制有机肥，适当使用复合化肥，减少厩肥，忌施人粪尿。

四、了解蔬菜生理

种菜并不是播种、浇水、施肥、收获这八个字就能概括的，对于每一位想在阳台种植蔬菜的朋友来说，明白每一种蔬菜的生理机制是很重要的事情。本书的第三章将会对22种常见蔬菜的种植管理作以介绍。

以上4个条件是种植好阳台蔬菜的基础，想要种植好阳台蔬菜，空间、阳光、水肥、管理缺一不可。

第二节

阳台朝向及其环境特点

按照建造结构，阳台分为封闭式和半封闭式，北方阳台一般为封闭式阳台，其优点是遮尘、保温，缺点是通风不足、采光性较差。北方春秋两季封闭式阳台的环境条件基本一致，而且非常适宜蔬菜生长，但不同阳台朝向的光照时间长短、温度高低、湿度大小等环境条件不同。下面以哈尔滨为例，介绍春秋季节封闭式阳台东、南、西、北、东南、西南、东北、西北8个方向的光照时间及温湿度等环境情况。

一、东向阳台环境特点

阳光照射的时间在10时之前，早上温度上升得比较快，下午温度偏低。白天平均温度一般在12～20℃，夜间平均温度一般在5～10℃，平均湿度一般在40%～70%，7—8时温度偏高，达到18～20℃。

二、南向阳台环境特点

阳光照射的时间在9—16时，上午升温较缓慢，中午温度偏高。白天平均温度一般在18～25℃，夜间平均温度一般在

8～12℃，平均湿度一般在30%～60%，11—15时温度偏高，达到20～25℃。

三、西向阳台环境特点

阳光照射的时间在15—18时，上午温度偏低，午后升温，下午温度偏高。白天平均温度一般在11～21℃，夜间平均温度一般在6～11℃，平均湿度一般在50%～70%，15—17时温度偏高，达到17～22℃。

四、北向阳台环境特点

因为没有阳光照射，温度比外界低一些，温湿度等随外界而变化。全天温湿度比较一致，白天平均温度一般在10～15℃，夜间平均温度一般在3～8℃，平均湿度一般在60%～80%。

五、东南向阳台环境特点

阳光照射的时间在7—15时，早上温度逐渐升高，上午升温较快，中午温度偏高。白天平均温度一般在18～25℃，夜间平均温度一般在8～12℃，平均湿度一般在40%～60%，10—14时温度偏高，达到20～24℃。

六、西南向阳台环境特点

阳光照射的时间在11—18时，上午升温较缓慢，但是中午温度偏高。白天平均温度一般在18～25℃，夜间平均温度一般在

8 ~ 12℃，平均湿度一般在40% ~ 50%，11—15时温度偏高，达到
21 ~ 24℃。

七、东北向阳台环境特点

阳光照射的时间在8时之前，早上温度较高，其他时间温
度偏低。白天平均温度一般在12 ~ 18℃，夜间平均温度一般
在5 ~ 8℃，平均湿度一般在50% ~ 60%，7时温度偏高，达到
15 ~ 18℃。

八、西北向阳台环境特点

阳光照射的时间在17—18时，傍晚温度稍高一些，其他时间
温度偏低。白天平均温度一般在12 ~ 19℃，夜间平均温度一般在
6 ~ 9℃，平均湿度一般在40% ~ 60%，17时左右温度偏高，达到
15 ~ 19℃。

阳台种菜的规划设计

一、不同朝向阳台的种菜规划

南向及东南向阳台适宜种植喜光、喜温的绿叶蔬菜；东向及东北向阳台适宜种植对光照要求不高的绿叶蔬菜及芽苗菜；西向及西南向阳台适宜种植耐热的蔬菜；北向及东北向阳台可种植喜阴的绿叶蔬菜及耐低温的芽苗菜（图1-1至图1-4）。

▲ 图1-1　阳台盆栽菠菜

图1-2　阳
台盆栽苦苣　▶

▲ 图1-3　阳台盆栽紫苏

◀ 图1-4　自制芽苗菜

二、不同面积阳台的种菜规划

一般家庭阳台占房屋建筑面积的5%，根据阳台面积大小可分为3类。小型阳台：小于3平方米；中型阳台：3~7平方米；大型阳台：大于7平方米。

小型阳台一般选择立体栽培、架式栽培，可以扩大蔬菜种植的立体空间；中型阳台及大型阳台空间较大，可以设计育苗区及种植区，选择较大的种菜容器，混搭小型种菜容器，增加蔬菜种植种类（图1-5至图1-7）。

▲ 图1-5　小型阳台盆栽蔬菜布局

▲ 图1-6　小型阳台盆栽蔬菜布局

▲ 图1-7　中、大型阳台盆栽蔬菜布局

除阳台外，还可以利用室内窗台进行蔬菜种植，收获蔬菜的同时，还能起到美化环境、改善室内空气的作用（图1-8、图1-9）。

▲ 图1-8 窗台盆栽薄荷

◀ 图1-9 窗台盆栽穿心莲

第二章

阳台种菜的准备工作及基本技术

　　为了能吃到健康、放心的蔬菜，越来越多的人选择了自己动手在阳台上种菜；但是对于从未亲手在家里种过菜的人来说，还有许多准备工作要做，除了要根据自家的阳台特点做出合理种菜规划外，还有许多前期的准备工作要做，现在就与您一道来准备吧！

第一节

阳台种菜工具

一、必备工具

阳台菜园空间有限，种植方式简单，因此，所需工具也相应地要求简单、便捷、节省空间。在阳台种菜一般需要准备如下工具：铁耙、铁锹、铁铲（图2-1）、剪刀（图2-2）、喷壶（图2-3）、水壶（图2-4）、塑胶手套（图2-5）等。

二、工具的选择

铁耙可以扒草、除草；铁铲、铁锹等可以铲土；因为蔬菜几乎每天都需要浇水，所以喷壶是阳台种菜必

▲ 图2-1　铁耙、铁锹、铁铲

备之物，可浇灌，可喷洒，浇水和病虫防治两用。塑胶手套能对双手起到保护作用，可防止施肥、喷药、移栽的过程中弄脏手或者受伤。

▲ 图2-2　剪刀

▲ 图2-4　水壶

▲ 图2-3　喷壶

▲ 图2-5　塑胶手套

第二节

阳台种菜容器

　　家庭阳台种菜以容器种植为主，容器的选择不但要考虑所要种植蔬菜的生长特点，还要考虑阳台的空间大小、容器所放置的位置。

▼图2-6　塑料花盆

一、普通栽培容器

种植生菜、小白菜、苋菜、荠菜等根系浅的叶菜类蔬菜，可以选择小型的花盆、塑料盒等容器；如在室内种植蔬菜，可以选择外观较好的容器，如专用的蔬菜种植箱、外观精致的花盆；芽苗菜可选用芽苗育苗盘、发芽箱等；还可以将塑料瓶、食品包装盒、泡沫箱制作成家庭阳台种菜的容器（图2-6至图2-12）。

▲ 图2-7　塑料芽苗育苗盘

▲ 图2-8　塑料菜箱

▲ 图2-9 废弃塑料瓶

▲ 图2-10 废弃陶瓷水杯

▲ 图2-11 食品包装盒

▲ 图2-12 泡沫箱

二、立体栽培容器

除上述普通栽培容器外，为了有效利用阳台空间，还可以使用立体栽培容器或者使用置物架将容器分层摆放，根据实际情况决定叠放两层或更多层。阳台的不同高度位置，光照差别较大，所以叠放的原则是喜光的蔬菜放最上层或距离地面较高的位置；耐阴的蔬菜放最下层或距离地面较近的位置；中间位置则可种植一些对光照条件要求不高的蔬菜，如香葱、叶菜等，但叠放要注意安全性和方便性（图2-13）。

图2-13　阳台 ▶
蔬菜立体栽培

阳台种菜基质

阳台种菜最重要的必需品要数基质了，用于栽培菜苗的介质称为基质，目前多使用两种或两种以上的介质混合起来作为基质，而这种混合基质又称为人工培养土、培养土、混合土，其透气性好，养料含量丰富，既保水又保肥，不易板结，还能分解有机质，能促进有益的微生物活跃，利于蔬菜生长。阳台种菜所需基质在市场上均可以购买得到，可以直接购买已经配制好的蔬菜专用基质，也可以根据所种植的蔬菜种类自己混合配制基质。

一、常用基质的类型

不同基质具有各自的特性，下面向大家介绍一下常用栽培基质的优、缺点及特性，见下表。只有了解其各自的特性，才能配制好利于蔬菜生长的混合基质。

表 常用栽培基质的优、缺点及特性

基质	图片	优点	缺点	特性	来源
草炭		质地轻，富含丰富的有机质、腐殖酸，保肥、保水，透气性好	自身所含养分少，干燥后不易再吸水，价格贵	性偏酸，无病菌或虫卵	可购于市场
田园土		肥力较高，团粒结构好	可能带有病菌或虫卵，缺水时易板结，过湿易导致透气性较差	普通泥土经过较长时间耕作及施肥而形成	可从菜园直接挖取或就地取材，或直接购于市场
腐叶土		质地轻，富含腐殖质，肥力较好，透水性、透气性好，可改良土壤	价格较贵	性偏酸，发酵后形成，一般不含病菌和虫卵	可到山间林下直接挖取经多年风化而成的腐叶土，也可就地取材、家庭堆制，或直接购于市场

（续表）

珍珠岩	质地轻、排水性、透气性好，一般不分解	质地过轻，浇水时易浮上土面；含少量氟元素，可能伤害某些植物	白色颗粒，高温下制成，与其他基质混合时最好选较大的颗粒，一般不含病菌或虫卵	可购于市场
蛭石	质地轻、透气性好，保水、保肥	不含养分、质地较脆，容易破碎，不适与土壤混用，长期使用透气性和排水性变差	有金属光泽，高温下制成，黄褐色鳞片状颗粒，一般不含病菌或虫卵	可购于市场
河沙	价格便宜、容易获得，使用过程中通常不发生变化，排水性、透气性较好	保水、保肥性较差，质地很重，不含养分	一般选用较粗的河沙来改善基质的通气性，与其他基质混合时最好不超过总量的1/4	可从河里挖取或购于市场
椰糠	质地较轻且疏松，吸水性、透气性较好，价格比草炭便宜	品质不好的椰糠含盐分较高，对植物生长不利	天然有机基质，椰子外壳纤维加工而成，产地不同成分差异较大	可购于市场

（续表）

名称	图	特点	缺点	注意事项	来源
锯末		质地轻，透气性好，保水，保温	单独使用时较难固定植株，来源不多	必须经过发酵才能作为栽培基质	可购于市场
炉渣		质地适中，通透性较好，含有较多微量元素	可能含有一些有害成分	碱性，与其他基质混合时最好不超过总量的3/5	可购于市场
陶粒		质地轻，能浮在水面上，透气性好，不分解		高温下制成，一般不含病菌或虫卵，与其他基质混合时最好不超过总量的1/5	可购于市场
稻壳		质地较轻，未碳化的稻壳透气性较好，碳化后的稻壳保肥性强	可能带有病菌	适度碳化稻壳不会影响其他基质的性能	可购于市场

二、自配混合基质

阳台种菜可自配基质，通常选择2～3种不同栽培基质混合为宜，应将所有基质充分搅拌均匀，消毒后使用。配制基质时还应该考虑到蔬菜对基质pH值的偏好不同，根据不同蔬菜的种类，调节合适的pH值。常用栽培基质配方有田园土：腐熟有机肥：蛭石=2：2：1（体积比，下同），草炭：腐熟有机肥：珍珠岩=6：3：2（图2-14），田园土：腐叶土：腐熟有机肥=1：2：1，田园土（或腐叶土或草炭）：腐熟有机肥=3：2等。如果是用于播种或育苗，或者种植不喜肥的蔬菜，可以适当降低有机肥的比例，如田园土：腐熟有机肥=5：2、田园土：草炭土：腐熟有机肥=4：3：2。此外，为了增强基质的透气性和排水性，可在栽培容器底部铺一层3～5厘米厚的炉渣或盆底石。

▲ 图2-14　自配混合基质

三、基质消毒

许多无土栽培基质在使用前可能含有一些病菌或虫卵，在长期使用后，尤其是连作的情况下，也会聚集病菌和虫卵，容易发生病虫害，影响蔬菜的生长。因此，在大部分基质使用前或在每茬作物收获后，下一次使用前，有必要对基质进行消毒，以消灭任何可能存留的病菌和虫卵，现介绍2种家庭中比较容易操作的基质消毒方法。

1. 太阳能消毒

此方法简单方便，只需将自制基质平铺在干净的纸张或园艺布上，在晴天阳光下暴晒7天。不仅可以灭菌杀虫，还可以使基质透气、不板结。

2. 高锰酸钾消毒

此方法只适用于不吸水且容易用水清洗的基质。将基质放入0.5%高锰酸钾溶液中浸泡，20～30分钟后倒掉高锰酸钾溶液，然后用清水反复冲洗至干净。

阳台种菜的灌溉方法

　　水是绿色蔬菜光合作用的最主要原料，同时，还是植物吸收和输送各种物质的溶剂和介质。大部分的叶菜均为需水较多的植物。阳台蔬菜由于不受外界自然降水的影响，蔬菜所需要的水分需要人为供给，就需要掌握一些基本的浇水原则。蔬菜浇水的多少根据栽培方式、不同的种类、生长时期、天气情况有所不同。水源可用雨水、自来水、淘米水、洗菜水等，但不能用含油脂、盐、洗涤剂等的家庭污水，对植物生长不利。水要选择搁置一天的常温水，避免自来水直接浇灌。

一、阳台蔬菜浇水的原则

　　总的来说，所有植物都要遵循"见干见湿"的浇水原则。盆土干有利于根部吸氧，湿有利于根部摄取水、肥，干湿要平衡适度。土壤干到一定程度了就要浇水，要浇足、浇透，让土壤全部变湿。反之，土壤没有干就不要浇水（适当控制苗期肥水，可使植株节间趋于粗短壮实而根系发达，抑制幼苗茎叶徒长、促进根系发育）。通过适度控水"锻炼"幼苗，促使植株生长健壮，提高后期抗逆、抗倒伏能力，协调营养生长和生殖生长。

二、浇水时间的选择

浇水时注意水温与气温相差不要大，如果突然浇灌温差较大的水，根系及土壤的温度突然下降或升高，会使根系正常的生理活动受到阻碍，减弱水分吸收，发生生理干旱，因此，夏季忌在中午浇水，可以在早上或下午进行；冬季则宜在中午浇水。

三、浇水量的选择

蔬菜不同生长时期对于水分的要求也不相同。苗期叶面积很小，需水不多；随着幼苗生长，叶面积不断扩大，水分的需要量也随之增加；进入生长旺期，需水量达到高峰；到了生长后期，生长逐渐缓慢，需水量也相应减少。

四、根据不同种类蔬菜选择水量

不同种类蔬菜种植管理方法有很大的差异，同样在水分需求上差别很大。凡根系发达、吸水较强的品种，其抗旱能力相对强。而叶面大、组织柔软、蒸腾作用强的品种，其抗旱能力较弱。根据不同品种的蔬菜对灌溉水量的需求，可分为以下几种。

1. 水生蔬菜

水生蔬菜根系不发达，根毛退化，吸水能力很弱，而它们的茎叶柔嫩，在高温下蒸腾旺盛，植株的全体或大部分必须浸在水中才能生活，如藕、茭白、荸荠、菱等。

2. 湿润性蔬菜

湿润性蔬菜叶面积大、组织柔嫩、叶的蒸腾面积大、耗费水分多，但根系小，而且分布在浅土层，吸收能力弱。因此，要求较高的泥土湿度和空气湿度。在栽培上要选择保水力强的泥土，并重视灌溉工作，如白菜、芥菜和大多数的绿叶菜类等蔬菜。

3. 半湿润性蔬菜

半湿润性蔬菜叶面积较小，组织粗硬，叶面常有茸毛，水分蒸腾量较少，对空气湿度和泥土湿度要求不高；根系较为发达，有一定的抗旱能力。在栽培中要适当灌溉，以满足其对水分的要求，如茄果类、豆类、根菜类等蔬菜。

4. 半耐旱性蔬菜

半耐旱性蔬菜的叶片呈管状或带状，叶面积小，且叶外表常覆有蜡质，蒸腾作用迟缓，所以水分耗费少，能忍耐较低的空气湿度。但根系散布领域小，入土浅，几乎没有根毛，所以吸收水分的能力弱，要求较高的泥土湿度，如葱蒜类和石刁柏等蔬菜。

5. 耐旱性蔬菜

耐旱性蔬菜叶子固然很大，但叶上有裂刻及茸毛，能减少水分的蒸腾，而且都有强大的根系，根系散布既深又广，能吸收泥土深层水分，故而抗旱能力强，因此灌溉的频率和量不要过多，如西瓜、甜瓜、南瓜、胡萝卜等蔬菜。

阳台种菜的施肥方法

阳台种菜丰收的关键是施肥，如果基质中底肥没有下足，就需要在生长期及开花结果期进行追肥。如果长势太慢，发育不良，就要进行施肥。

一、肥料的种类

肥料通常可分为无机肥和有机肥，阳台种菜施肥时最好选用有机肥，尽量少用或不用无机肥。无机肥见效快，但破坏基质结构，降低蔬菜的品质和口味。复合肥料是混合各种有机物和无机物的肥料，可以广泛用于蔬菜栽培中，而且可以直接从市场购买，是初学者的最佳选择。而有机肥虽然见效较慢，但肥效长，不仅能增加和更新土壤有机质，促进微生物繁殖，而且还能改善基质的理化性质和生物活性，保持了蔬菜原有的营养成分，加之取材方便，无需花费过多成本，最主要是健康、环保。

阳台种菜常用的复合肥、有机肥等均可以从市场上直接购买，包括豆饼肥、骨粉或鸡粪肥，更可以利用收集的生活垃圾或者厨余自制，既可以减少对环境的污染，又可以变废为宝，吃到健康无公害的蔬菜。

二、施肥原则

在阳台种植蔬菜应该本着适物、适时、适势、适量，薄肥勤施的原则及时补给肥料。

"适物"即叶菜多施一些氮肥，观果、观花植物多施磷、钾肥。"适时"即抽枝叶时以氮肥为主，花芽分化、形成花蕾、开花前，以磷钾肥为主。"适势"遵循"四多、四少、四不"，即生长期黄瘦多施，发芽前多施，垦前多施，花后多施；肥壮少施，发芽时少施，开花少施，雨季少施；新栽不施，徒长不施，病弱不施，盛夏不施。"适量"即薄肥，浓度不要过高以免破坏根系，一般有机肥用7~8份水加2~3份肥，生长期7~10天施肥1次。

三、施肥方法

施肥方式分为两种，一种是事先将肥料混合在土壤中，这种称为基肥；另一种是在植物生长过程中施用肥料，叫做追肥。阳台蔬菜在种植时应施足基肥，生长过程中及时追加肥料，可以根据种植蔬菜的种类选择施氮、磷、钾肥，以促进叶、果实、根的生长。

1. 施足基肥

种植之前，要在基质或土壤中加入少量的肥料，有些市面上出售的基质已经配好了基肥，要注意了解。有些蔬菜要控制基肥的量，否则茎、叶过分生长，不利于果实的生长。

2. 适时追肥

在植物生长过程中要及时追加肥料，植株在生长过程中，养分很容易流失，并且伴随着植株的生长，基质中的养分也消耗殆尽，尤其是阳台的盆栽要注意及时追肥。

3. 给蔬菜施肥有几种方法

对于液体肥料，将肥料用水稀释后再施用，不要把太浓的肥水浇到菜叶子上，也不能离根部太近，以免烧根。液体肥料的时效高，加水施肥还能起到浇水的作用，这种施肥方法见效很快。对于固体肥料，在花盆里的蔬菜旁边挖一个小坑，或者小沟，然后把肥料放进去后覆盖土并浇足水，肥料要离菜和根远一点。

如果是需移栽的播种蔬菜，等到移栽后长出了新叶再施肥。小苗期少施肥，结果时多施肥。如果阳台上的蔬菜不要移苗的话，发芽后不用施肥，等小苗长到3片以上叶子时再施肥。对于长得快的叶菜，每隔2天都可以浇一次有机肥水。追肥取决于蔬菜的种类。

四、家庭自制有机肥的原料

通常建议家庭自制环保有机肥时使用植物性原料，因为动物性原料病菌很多，并且容易污染环境，但植物性原料也不要含油。可以用芝麻渣、豆饼、咖啡渣、已经发霉或虫蛀的花生、瓜子、蛋壳（洗干净蛋清）等，也可以是淘米水、残茶水、草木灰水、过期的脱脂牛奶或牛奶、洗牛奶瓶的水。还可以用水培芽苗菜剪下来的根，菜叶、皮，水果皮，落叶或中药渣（图2-15）。

鸡蛋壳

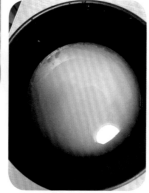

淘米水

残茶水

过期的脱脂牛奶

洗牛奶瓶的水

芽苗菜的根　　　　　　　厨余

水果皮　　　　　　　　落叶

坚果壳

▲ 图2-15　家庭自制有机肥的原料

五、家庭自制有机肥的方法

首先准备一个能够密封的容器，在容器底铺一层腐殖土、落叶或干草垫底，然后将落叶、果皮、菜叶等植物性材料切碎或是用搅拌机搅碎放进去，每放一次要马上洒一层草木灰或石灰，再铺一层土覆盖，这样可以避免引来小虫子或散发异味。然后放植物性材料，再撒一层草木灰或石灰，再铺一层土，像做汉堡包一样，容器装满后洒适量水，不能太多或太少，用手握紧时能挤出水滴最合适，最后盖严盖子，放到太阳光下发酵，3个月后即可使用（图2-16）。

▲ 图2-16 家庭自制有机肥流程

第六节

阳台蔬菜常见病虫害及杀虫剂的制备

在家庭阳台种菜，环境相对开放，加之栽培基质处理不当等问题，蔬菜不可避免会生虫子、得病或生长不良，首先要判定是否是水分、光照、温度等环境问题，还是土壤基质的问题。排除这些因素后再确定是虫害还是病害。

一、阳台蔬菜生长期常见问题及防治措施

1. 蔬菜细长、徒长

可能是光照不足，苗期氮肥过量、浇水过多等原因，要将栽植容器搬到阳光充足的地方，苗期降低基质中养分，减少浇水量。

2. 蔬菜从底部开始发黄、叶色暗淡

可能是浇水过多或肥力不足。经过苗期后若蔬菜在生长期底部开始发黄，可能是排水不良，检查容器的排水状况，减少浇水次数；排除浇水原因，可能肥力不足，增加追肥。

3. 蔬菜生长的缓慢、抵抗力弱

可能是低温造成的，可以将栽植容器挪到温暖的地方。

4.叶片扭曲或者缺刻

可能是虫害造成的，根据情况喷洒环保型的杀虫剂。

5.叶片上有黄斑、枯斑、粉斑或锈斑

当蔬菜出现霉状物、粉状物和颗粒状物，蔬菜叶片出现斑点、凋枯、腐烂症状可能是真菌性病害引起的；细菌性病害发生症状与真菌性病害类似，呈现斑点状，一个明显不同是细菌性病害在病灶处呈现水渍状，光照下透明，腐烂地方流出浑浊液体，且黏腻，还会发出阵阵恶臭。遇到这种情况要除掉病患部位，喷洒环保的杀菌剂，避免使用化学农药，以免产生污染、影响健康。

二、蔬菜病虫害的一般诊断方法

排除其他因素的影响，如光、温、水等造成蔬菜苗上部萎蔫死亡等情况。蔬菜病虫的诊断方法可通过各时期害虫的形态特征来鉴别，或通过害虫残遗留物诊断，以及害虫的排泄物如粪便、蜜露物质、丝网、泡沫状物质等。

（1）叶片被食，形成缺刻。多为咀嚼式口器的鳞翅目幼虫和鞘翅目害虫所吃。

（2）叶片上有线状条纹或灰白、灰黄色斑点。此症状多是由刺吸式口器害虫，如叶蝇或椿象等害虫所害。

（3）菜苗被咬断或切断。多为叶蛾等所为。

（4）分泌蜜露发霉病。此类害虫通过产生蜜露状排泄物覆于蔬菜表面造成黑色斑点，常以吸汁排液性的害虫为主，如各种蚜虫。

（5）心叶缩小并变厚，与螨类害虫有关。

（6）蔬菜体内被为害。这种害虫一般进入蔬菜的体内，从外部很难看到它们，若发现菜株上或周围有新鲜的害虫粪便，且菜株上有新鲜的虫口，则可判断害虫隐在菜体内为害，有时虽然有粪便和虫口，但粪便和虫口已经干涸，则表明害虫已经转移到其他地方。此类害虫多为蛾类害虫和幼虫。

（7）菜苗上部枯萎死亡。这表明蔬菜根部受到损害，此多为地下害虫所为，如蝼蛄、根螨、根线虫等。

三、家庭自制杀虫剂的原料

一般自家种菜时不建议使用化学农药，可以使用一些家庭生活中经常使用或者易得的材料自制环保杀虫剂，既能有效防治病虫害，又不会对蔬菜产生污染；既健康低碳，又绿色环保。自制杀虫剂的原料都是生活中经常用到的材料，如辣椒、洋葱、大蒜、大葱、生姜、花椒等调味料，小苏打、米醋等厨房用料，洗衣粉、肥皂、风油精、蚊香等生活用品。利用这些原料制作环保杀虫剂，既能保证吃到安全健康的蔬菜，又降低种植成本。

四、家庭自制杀虫剂的方法

1. 辣椒

取新鲜辣椒（杭椒、朝天椒效果更好）50克加0.5升水煮沸30分钟后，用布过滤，冷却后的滤液喷洒可防治菜青虫、蚜虫、红蜘蛛、白粉虱等害虫，浇入土中可防治蚂蚁和线虫。

2. 洋葱

取洋葱20克捣碎后放入1升水中，浸泡24小时后用布过滤，取其滤液喷于植株上，可防治红蜘蛛、蚜虫。

3. 大蒜

将50克大蒜捣成蒜泥后，加入5升水搅拌，将所得滤液喷洒于植株上，可防治蚜虫、红蜘蛛和甲壳虫，若浇入盆土中，还可杀死蚂蚁和线虫。

4. 大葱

取新鲜大葱1千克捣成泥后加10升水浸泡，过滤后取滤液喷洒叶片，可防治蚜虫。

5. 生姜

将生姜50克捣碎，加水1升浸泡12小时，过滤后取滤液喷施植株，既可防治叶腐病、叶斑病、黑斑病，又可防治蚜虫、红蜘蛛、蚂蚁和线虫。

6. 韭菜

取新鲜韭菜1千克，捣成糊状后加0.5升浸泡，过滤后喷洒，可杀灭蚜虫。

7. 番茄叶液

将50克新鲜番茄叶片捣碎，加水0.2升浸泡12小时后，用布过滤，取滤液喷洒，不仅可以防治蚜虫、红蜘蛛，还可驱赶苍蝇。

8. 烟草

废烟草10克加水0.2升浸泡24小时后过滤，取滤液喷洒叶面或基质，可防治蚂蚁、线虫、蚜虫、红蜘蛛。

9. 花椒

花椒100克，与水3升一起放入锅内加热煮沸，冷却后取滤液喷洒，可防治白粉虱、蚜虫和蚧壳虫。

10. 蓖麻

将蓖麻叶捣碎加水3～5倍，浸泡12小时后喷洒叶面；或将蓖麻叶、秆晒干研粉后掺基质施用；或将蓖麻子油加水5倍，揉搓浸泡12小时，用来防治蚜虫、菜青虫。

11. 柑橘皮

将10克柑橘皮放入0.1升水中浸泡24小时，取过滤液喷洒叶面，防治红蜘蛛、蚜虫，喷洒基质中可防治线虫。

12. 草木灰

草木灰10克，加水0.5升搅拌，浸泡6小时后过滤，直接喷施植株，可防治蚜虫；或将草木灰直接拌入基质中，可防治根蛆。

13. 米醋

10毫升米醋与1升水混合后的米醋溶液喷施植株，可防治霜霉病、黑斑病、白粉病等。

14. 小苏打

先用少量酒精将3克小苏打溶解，加水0.5升后所得溶液喷施植株，用来防治白粉病。

15. 洗衣粉

取2克洗衣粉，加水1升搅拌成溶液，加几滴清油，喷施植株上的虫体，可杀灭白粉虱、蚧壳虫、蚜虫、红蜘蛛。

16. 肥皂

将2克肥皂充分溶解于0.1升开水后喷施，可有效杀灭蚜虫、蚧壳虫。

17. 风油精

1毫升风油精与0.5升水混合溶液喷施植株，可杀灭蚜虫。

18. 蚊香

用塑料袋将植株连盆罩住，放入点燃的蚊香，1小时后红蜘蛛、白粉虱等害虫可被杀灭。

阳台种菜基本技术

对于从未种过蔬菜的新手来说，了解和掌握一些基本的农事操作过程及技能十分必要，本节从种子处理、苗期养护等方面介绍阳台种菜需要掌握的一些基本技能。

一、种子或种苗

精心挑选种子或种苗。在购买蔬菜种子时，一定要注意外包装上的生产日期及生产厂家，不要买过期或来源不明的种子，还要仔细阅读说明，看是否适合在本地种植。在当地的农贸市场通常能够买到蔬菜幼苗，有些茎叶可扦插繁殖的蔬菜如蕹菜、穿心莲、木耳菜等也可以买回来成株进行分段，然后直接种植。

二、播种

一般来讲，蔬菜有两种种植方式，一种是先育苗再移栽，另一种是直接播种。大部分的叶菜可以直接播种。

1. 散播

将种子按照一定的密度直接撒在基质上，然后覆土。散播方法多用于生长周期短的速生蔬菜类，如小白菜、菠菜、油麦菜等（图2-17）。

2. 条播

用木棍先在基质上压出约1厘米深的沟（图2-18），然后将种子均匀撒播于沟内再覆土（图2-19）。

3. 点播

也叫穴播，将种子按照一定的距离定点播在挖好穴位的基质中，点播适用于一些种子较大、种子价格较高和植株营养面积较大的蔬菜（图2-20）。

▲ 图2-17　散播蔬菜种子

图2-18 ▶
条播压沟

图2-19　条播 ▶
蔬菜种子

图2-20　点播 ▶
蔬菜种子

三、保温保湿措施

种子播下之后，要采取保温保湿措施，促进出苗，可在播种容器上覆盖地膜（图2-21）。

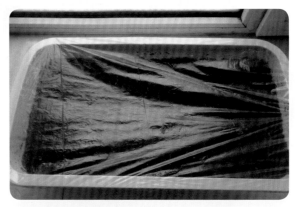

▲ 图2-21　覆膜保温保湿

四、间苗

发芽后需要间苗，摘除长得细弱的新芽，防止过于拥挤，影响各自生长，妨碍通风和光照。可以用手或者小镊子、剪刀拔除。在长出2~3片真叶之后，再进行一次间苗，留出合适的植株间距，拔除的叶菜新芽可以作为配菜食用。

第三章

常见蔬菜种植方法

一、小白菜

（一）属性及环境要求

小白菜为十字花科芸薹属一二年生草本植物，别名普通白菜、青菜、油白菜，小白菜是白菜的一种。小白菜以嫩叶供食用，为中国最普遍栽培的蔬菜之一。小白菜性喜冷凉，又较耐低温和高温，但温度过高生长不良；营养生长期要求有较强光照；适宜生长在肥沃、土质松软无病害的土壤上；需水量较大。

（二）营养与健康

中医认为小白菜性平、味甘，无毒，入肺、胃、大肠三经，具有解热除烦、通利肠胃、生津止渴、利尿通便、行气祛瘀、清热解毒、消肿散结之功效。主治肺热咳嗽、烦热口渴、便秘、胸闷、腹胀等症。小白菜富含矿物质、维生素、胡萝卜素、糖类、碳水化合物、粗纤维等，尤其是钙的含量较高，能够增强机体免疫能力，强身健体。小白菜含有多种抗氧化活性成分，具有抗氧化、延缓衰老的辅助食疗养生功效。

（三）种植方法

小白菜生长期50天左右，一年四季均可种植。南方夏季温度过高不宜生长，北方阳台温度低生长期会加长。

1. 播种

小白菜种子发芽率很高，比较容易种植。对栽培容器要求不高，各种花盆均可以种植，播种时挑选籽粒饱满的种子（图3-1），先将种子在50～55℃温水中浸泡，再置于常温水中浸泡6～8小时，以利于出芽；在栽培基质中加入腐熟的有机肥，播种前，基质浇透水，条播或者散播皆可。如果想多采摘苗菜，可以多撒些种子，播种后覆盖1~2厘米厚的基质；可以覆膜保温保湿，促进出苗（图3-2至图3-7）；一般3~4天出苗，温度低约需1周（图3-8）。

▲　图3-1　小白菜种子

◀ 图3-2　准备基质

图3-3　基质浇透水 ▶

▲ 图3-4 基质制穴

▲ 图3-5 播种

◀ 图3-6　覆土

◀ 图3-7　覆膜保温保湿

2. 日常管理

长出4～5片真叶后，需要进行分苗移栽，间下的幼苗即可食用（图3-9、图3-10）。栽植时将根系垂直、舒展移栽在穴中，扶正埋好，栽后浇足水，保温保湿、遮阴4～5天后逐渐见光。小白菜生长过程中要注意伴随浇水追肥2次，以氮磷钾复合肥为好，勤松土。

▲ 图3-8　小白菜幼苗

▲ 图3-9　小白菜间苗

▲ 图3-10　间苗菜

3. 收获

小白菜在播种后20 ~ 40天即可采收食用（图3-11），采收时注意先拔大棵，给小苗留出空间。

▲ 图3-11　小白菜采收

二、菠菜

（一）属性及环境要求

菠菜属藜科菠菜属一年生草本植物，又名波斯菜、赤根菜、鹦鹉菜等，菠菜的源头可以追溯到2000年前亚洲西部的波斯（今伊朗），故称之为菠菜，菠菜种子是唐太宗时作为贡品从尼泊尔传入中国的。菠菜属耐寒蔬菜，种子在4℃时即可萌发，最适为15～20℃，营养生长适宜的温度15～20℃，25℃以上生长不良，地上部能耐-8～-6℃的低温。

（二）营养与健康

菠菜主要食用其茎叶和根部。《随启居饮食谱》记载：菠

菠，开胸膈，通肠胃，润燥活血，大便涩滞及患痔人宜食之。根味尤美，秋种者良。菠菜富含类胡萝卜素、维生素C、维生素K、矿物质（钙质、铁质等）、辅酶Q_{10}等多种营养素，能够促进生长发育、增强抗病能力，是缺铁性贫血的理想食物。菠菜中含有的镁有消除疲劳的作用。菠菜种子可以通便、缓解心痛和内脏器官痛、降热、平热消肿并软化肿块。带根全株食用则可以滋阴平肝、止咳和润肠。

菠菜虽好，有宜食和禁忌人群。痔疮、便血、习惯性便秘、维生素C缺乏症、高血压病、贫血、糖尿病、夜盲症患者及皮肤粗糙、过敏、松弛者适宜食用。菠菜中草酸含量高，草酸与钙结合易形成草酸钙，因而患有尿路结石、肠胃虚寒、大便溏薄、脾胃虚弱、肾功能虚弱、肾炎和肾结石等病症者不宜多食或忌食。

（三）种植方法

菠菜的生长期为40天左右，为喜阴植物，不怕光照不足，耐寒冷，但菠菜怕热。

1. 播种

选择籽粒饱满的种子（图3-12）、基质和充分腐熟的有机肥；根据阳台种植环境，选择塑料花盆或者方形容器均可；播种前，基质浇透水（图3-13、图3-14）。菠菜种子外皮比较坚硬，不容易发芽，所以在种植前一定要先浸泡一下。把种子点播在种菜盆里（图3-15），上面覆盖种子厚度2～3倍的土壤，播种后，可覆盖保温薄膜，以促进种子萌发（图3-16）。大概7天之后，种子开始发芽。此时期不要频繁浇水，保持土壤湿润即可。

▲ 图3-12　菠菜种子

▲ 图3-13　基质浇透水

图3-14 基质制穴 ▶

◀ 图3-15 播种

图3-16 覆膜保温保湿 ▶

2. 日常管理

如果播种时苗密度较大，当幼苗3～4片真叶时可以间苗一次（图3-17），间下来的苗可以食用。当长到4～5片真叶时，可以根据生长情况施用有机肥，生长越旺需要的肥料越多。菠菜在生长期间注意及时浇水，缺水对植物生长不利，纤维增多影响口感，应该在早晚浇水，不影响菠菜根系生长。菠菜不宜酸性土壤，种植时最好掺一些石灰。

▲ 图3-17　苗期菠菜

3. 收获

苗高10～15厘米即可开始采收食用，当菠菜长到20厘米左右，可集中采收（图3-18）。

▲ 图3-18　菠菜采收

三、小茴香

（一）属性及环境要求

　　小茴香属伞形科茴香属，别名怀香、怀香籽、香丝菜、茴香、谷香，小茴香的茎部及嫩叶可作菜蔬食用，而作为调味料的小茴香是植物茴香的干燥成熟果实。小茴香原产地中海地区，在我国各省区都有栽培。小茴香根系强大，抗旱怕涝，喜疏松肥沃土壤，并且最好是沙质的土壤，会让小茴香更加高产，尤其是种植小茴香的土壤保持在pH值为6左右最好。

（二）营养与健康

小茴香性辛温，归肝、肾、脾、胃经，有散寒止痛，理气和胃的功效。适合脾胃虚寒、肠绞痛、痛经患者用于食疗。小茴香全身是宝：在食品应用方面，小茴香是人工配制五香粉的主要成分，广泛用于食品调味，小茴香油还常用于糖果和酒类的配制；在药用价值方面，小茴香果籽具有祛风、祛寒湿、止痛和健脾之功效，可用于治胃气弱胀痛、消化不良、腰痛、呕吐等疾病。另外，用小茴香制成的花草茶有温肾散寒、和胃理气的作用，对于饮食过量所引起腹胀以及女性痛经也有一定效果。在饲料添加剂方面，小茴香作为饲料添加剂可以改善畜禽食欲、消导促长。

在中国北方，小茴香的嫩茎和叶常用来做包子、饺子等食品的馅料。小茴香含有丰富的维生素B_1、维生素B_2、维生素C、烟酸、胡萝卜素以及纤维素等营养成分，其具有特殊的香味，是搭配肉食和油脂的绝佳菜肴。

（三）种植方法

小茴香生长期65天左右，喜冷凉，避免夏季炎热天气种植。

1. 播种

小茴香种子在6～8℃即可发芽，发芽适温为15～25℃。选择籽粒饱满的种子（图3-19）、基质和充分腐熟的有机肥；根据阳台种植环境，选择塑料花盆或者方形容器均可；播种前，基质浇透水；把种子点播在种菜盆里（图3-20），小茴香种子小，发芽后顶土能力弱，覆土不宜过厚，播种后，可覆盖保温薄膜，以促进种子萌发（图3-21），两个星期左右种子会发芽。

◀ 图3-19　小茴香种子

◀ 图3-20　覆土

◀ 图3-21　覆膜保温保湿

2. 日常管理

小茴香需肥量大，喜磷钾肥，施肥应以基肥为主。小茴香对寒冷和炎热的适应性都很强，最适宜的生长温度是20℃左右。较耐旱但不耐涝，每3～4天浇一次水。待小茴香长出2～3片真叶，苗高4～5厘米时即可间苗。每穴留苗3～4株（图3-22）。当幼苗长到15厘米左右时施一些氮肥，长到中后期可以施一些磷钾肥。

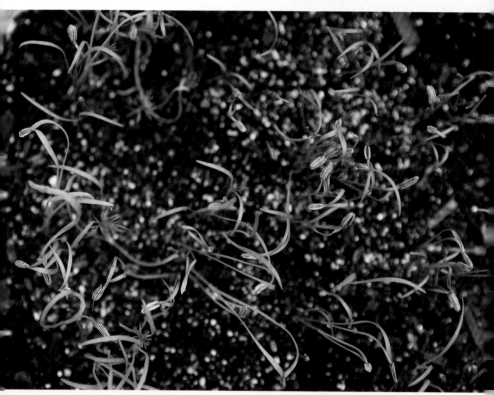

▲ 图3-22 小茴香幼苗

3.采收

小茴香高达20～30厘米时可以收获。若一次收获可连根拔起，若多次收获则距离根部2～3厘米处割取叶片（图3-23），植株还会继续生长。

▲ 图3-23　盆栽小茴香采收

四、油麦菜

（一）属性及环境要求

油麦菜属菊科莴苣属植物，别名莜麦菜，一年生或二年生草本。叶片色泽淡绿、质地脆嫩，口感极为鲜嫩、清香，具有独特风味。油麦菜原种产于地中海沿岸，喜凉爽，稍耐寒不耐热，发芽适温及生长适温10~25℃，性喜充足光照，过于荫蔽则易徒长，对土壤要求不严，以疏松肥沃土壤为佳，种植时要保持土壤湿润。

（二）营养与健康

油麦菜能刺激消化液分泌，可促进食欲，改善肝脏功能，有助于抵御风湿性疾病和痛风；油麦菜中含有甘露醇等有效成分，有利尿和促进血液循环的作用，促进排尿和减少心房压力；油麦菜中的莴苣素具有镇静作用，可帮助睡眠；油麦菜含有纤维素较

多，也是减肥的很好选择。油麦菜中含有大量维生素A、维生素B$_1$、维生素B$_2$和大量钙、铁等营养成分，是生食蔬菜中的上品。

（三）种植方法

油麦菜生长期40天左右，根系浅，吸收能力弱，叶面积大，耗水量多，故喜潮湿，忌干燥，家庭阳台可以四季种植。

1. 播种

油麦菜种子发芽适温15～20℃。播种前将基质浇透水，水渗下后制穴，每穴播种10～15粒种子，上面覆盖约1厘米厚的土壤，播种后，可覆盖保温薄膜，以促进种子萌发（图3-24至图3-29），大约一个星期即可发芽，保持土壤湿度，切忌暴晒。

▲ 图3-24　油麦菜种子

▲ 图3-25　基质制穴

▲ 图3-26　播种

▲ 图3-27 覆土

▲ 图3-28 覆膜保温保湿

2. 日常管理

油麦菜喜湿润，通常每天浇水1次，以早晚浇水为佳。油麦菜长到4～5片真叶时，可以间苗（图3-29）。油麦菜生长速度快，需肥量较大，一般每7～10天施1次以氮肥为主的腐熟有机肥，以促进叶片生长（图3-30）。油麦菜抗病害能力较强，生长过程中发现杂草要及时拔除，以免争抢养分。

▲ 图3-29　油麦菜间苗

▲ 图3-30　生长旺盛期的油麦菜

3. 采收

当油麦菜长至20厘米左右时即可采收，可以一次性收割，也可以将充分长大、厚实而脆嫩的绿色叶片用手掰下，多次采收（图3-31）。采收后，待割口晾干追施一次腐熟有机肥，促进新叶萌发，一段时间后可再次采收。

▲ 图3-31　油麦菜采收

五、茼蒿

（一）属性及环境要求

茼蒿属菊科茼蒿属一二年生草本植物，又称蓬蒿、蒿菜、菊花菜、蒿子秆等，茎叶嫩时可食，亦可入药。在中国古代，茼蒿为宫廷佳肴，所以又叫皇帝菜。茼蒿有蒿之清气、菊之甘香，原产地中海，在中国已有900余年的栽培历史，且分布广泛，南北各地均有栽培。

茼蒿分大叶茼蒿和小叶茼蒿两种。小叶茼蒿又称花叶茼蒿、

细叶茼蒿。其叶狭小，缺刻多而深，绿色，叶肉较薄，香味浓；茎枝较细，生长快；抗寒性较强，但不太耐热，成熟较早；适宜北方地区栽培。

（二）营养与健康

据中国古药书载：茼蒿性味甘、辛、平，无毒，有安心气、养脾胃、消痰饮、利肠胃之功效。茼蒿的根、茎、叶都可作药材使用，可辅助治疗脾胃不和、二便不利及咳嗽痰多等症，尤其适用于成长中的儿童、青少年和老年性贫血患者。茼蒿中胡萝卜素含量超过一般蔬菜，为黄瓜、茄子含量的20~30倍；还含有多种氨基酸、粗纤维，对儿童生长发育和老年人胃肠吸收均有好处。茼蒿里含有蛋白质及较高量的钠、钾等矿物盐，能够调节体内代谢，消除水肿。茼蒿夏季凉拌食用可祛暑增食欲，茼蒿制成的食品、饮料、补充剂或药物具有抑制肿瘤转移和生长，抑制肝癌、肺癌及皮肤癌症等功效。

（三）种植方法

茼蒿生长期40~50天。一般春季在3—4月、秋季在8—9月种植为佳。

1. 播种

为促进茼蒿出苗，种子在播种前用30~35℃温水浸种24小时，洗后捞出放在15~20℃条件下催芽，每天用清水冲洗，3~4天种子露白即可播种。茼蒿对花盆没有特殊要求，基质浇透水后，制穴，每穴播种10~15粒种子，覆土厚度1厘米左右，可以覆膜保温保湿，以促进种子萌发（图3-32至图3-35）。一星期左右种子开始发芽。

▲ 图3-32　茼蒿种子

▲ 图3-33　播种

▲ 图3-34　覆土

▲ 图3-35　覆膜保温保湿

2. 日常管理

　　茼蒿属于半耐寒性蔬菜，适宜的生长温度是10～20℃，超过29℃生长不良；对光照要求不严，一般以较弱光照为好。其属短日照蔬菜，栽培上适宜安排在日照较短的春秋季节，夏季长日照条件营养生长不能充分发展，很快进入生殖生长而开花结籽。属于浅根性蔬菜，根系分布在土壤表层，肥水条件要求不严格，只要经常保持土壤湿润即可。长至5～6片真叶时间苗，每穴留苗1～2株。见苗后按压苗根部疏松的土壤，固苗（图3-36）。茼蒿比较容易生虫，如果发现蚜虫要及时摘掉患病叶片，避免种植过密。

▲ 图3-36　茼蒿幼苗

3. 采收

植株长至20厘米左右即可采收，收获的时候不要整株拔掉，在基部留2～3厘米，等腋芽长出后再次采收，可连续采收2～3次（图3-37）。每次采摘后注意及时浇水追肥，以促进侧枝萌发。

▲ 图3-37　茼蒿采收

六、生菜

（一）属性及环境要求

生菜属菊科莴苣属一二年生草本作物，别名叶用莴苣、鹅仔菜、莴仔菜，是叶用莴苣的俗称。生菜原产欧洲地中海沿岸，是欧美国家的大众蔬菜，近年来在我国的栽培面积迅速扩大，主要分为球形的团叶包心生菜和叶片皱褶的奶油生菜。生菜不适宜生长在高温的环境中，是一种喜凉、耐霜冻的蔬菜；播种后将温度控制在5℃以上就可发芽，其中最适宜的发芽温度在18℃左

右，低于15℃发芽速度会受到一定影响；生菜对光照的需求比较大，在种植中要保证有足够的光照；种植时宜选择肥沃的沙壤土或轻黏壤土，pH值微酸性较好，要求土壤表层有充足的养分供应。

（二）营养与健康

生菜性甘凉，因其茎叶中含有莴苣素，故味微苦，有清热提神、镇痛催眠、降低胆固醇、辅助治疗神经衰弱等功效。生菜中含有甘露醇等有效成分，有利尿和促进血液循环、清肝利胆及养胃的功效。生菜营养含量丰富，含有大量β胡萝卜素、抗氧化物、维生素B_1、维生素B_6、维生素E、维生素C，还有大量膳食纤维素和微量元素，如镁、磷、钙及少量的铁、铜、锌，对保护眼睛、提高人体免疫、减肥等都有助益。但生菜凉，故尿频、胃寒的人不宜大量食用。

（三）种植方法

生菜的生长期为30天左右，家庭阳台全年都可以种植。

1. 播种

生菜种子较耐低温，在4℃时即可发芽，发芽适温18～22℃，高于30℃时几乎不发芽。对花盆无特殊要求，在花盆中盛装适量基质（基质距盆沿10厘米左右），浇透水，将生菜种子均匀散播到基质上，覆1厘米左右厚的土壤，可覆膜保温保湿。生菜种子喜光，在种子发芽时可以移到阳光充足的地方。一般3～5天即可出苗（图3-38至图3-40）。

◀图3-38 生菜种子

◀图3-39 播种

◀图3-40 覆膜保温保湿

2. 日常管理

生菜根系发达，耐旱力颇强，阳台盆栽生菜需保持盆土湿润透水，勤浇水，忌水涝；在肥沃的土壤上栽培产量高，喜微酸性土壤。一般发芽2周后，长至2～3片真叶时间苗1次（图3-41），拔除多余幼苗，保持株距4～5厘米。拔除的幼苗可以直接移栽或食用。移栽后放置阴凉处，浇水缓苗。

▲ 图3-41 生菜幼苗

3. 采收

生菜从小苗开始即可结合间苗采收。在30～40天后，植株茎变粗，叶子变大，可以从外侧开始多次掰叶采收，之后追肥一次，这样可以持续吃几个月；也可待植株充分长大后，一次性拔出（图3-42）。

▲ 图3-42　生菜采收

七、韭菜

（一）属性及环境要求

韭菜属百合科葱属多年生宿根草本植物，别名丰本、草钟乳、懒人菜、长生韭、扁菜等，具特殊强烈气味；原产亚洲东南部，在中国广泛栽培。初春时节的韭菜品种最佳，晚秋的次之，夏季的最差，有"春食则香、夏食则臭"之说。韭菜适应性强，抗寒耐热，全国各地均可栽培。

（二）营养与健康

韭菜性温、味辛，有补肾温阳之功效；韭菜含挥发性精油及硫化物等特殊成分，散发独特的辛香气味，有助于疏调肝气，

增进食欲，增强消化功能，有益肝健胃的作用；韭菜的辛辣气味有散瘀活血、行气导滞作用，适用于跌打损伤、反胃、肠炎、吐血、胸痛等症；韭菜中含大量维生素和粗纤维，能增进胃肠蠕动，治疗便秘，预防肠癌；但阴虚内热及疮疡、目疾患者均忌食。韭菜中含有丰富的维生素、碳水化合物和矿物质，还富含纤维素，可以促进肠道蠕动、杀菌消炎、提高机体免疫力。

（三）种植方法

韭菜的生长期在50天左右，推荐在春季或秋季种植。

1. 播种

韭菜种植分为直接播种或老根移栽。直接播种时，种子先用40~45℃温水浸泡12小时，第2天将花盆浇透水后直接播种即可，覆1厘米左右营养土，播种后需保持土壤表面始终处于湿润状态不板结。老根移栽时，以春季为宜，韭根栽植密度不要过大，一般距离10厘米左右，定植后及时浇水，放在阴凉、通风处以保证顺利发芽（图3-43至图3-45）。

▲图3-43　韭菜种子

▲ 图3-44　播种

▲ 图3-45　覆土

2. 日常管理

播种1～2个星期后，幼苗全部出齐后，先浇水促进生长，后期则要适当进行控水蹲苗促进生根，一次浇水不可过多，勤浇水，以保证生长整齐，健壮（图3-46）。5～6个星期，苗高10厘米时适当施有机氮肥，同时注意间苗，拔除长势弱的病苗、弱苗。当植株长到20厘米时，可根据长势移植，注意薄施肥、勤施肥，以氮肥、磷肥为主。

▲ 图3-46　韭菜幼苗

3. 采收

播种种植的韭菜根据当年生长状况，壮苗可当年进行适时采收，长势较弱时则不要采收，养根次年收获韭菜。采收时用剪刀整齐剪下上面部分，根部留2～3厘米。韭菜收割后需适当施肥，进行多茬收获（图3-47）。韭根当年不采收。

▲ 图3-47　韭菜采收

八、苋菜

（一）属性及环境要求

苋菜为苋科苋属一年生草本，又称米苋，主要以幼苗或嫩茎叶做菜。原产我国，在长江流域普遍栽培，是大众喜爱的夏季主要绿叶蔬菜之一。依叶片颜色分为红苋、绿苋和彩色苋。苋菜喜温暖，较耐热，温暖湿润的气候条件对苋菜的生长发育最为有

利；10～12℃种子开始发芽，22～24℃最适发芽，超过35℃时发芽和出苗均受影响；苋菜属高温短日性蔬菜，高温短日照条件下易抽薹开花，食用价值降低；春季栽培，气温适宜，日照较长，苋菜抽薹晚，品质柔嫩，产量较高；夏秋播则较易抽薹开花，产品较粗老；苋菜对空气湿度要求不严，不择土壤，肥沃的沙壤土或黏壤土均可栽培，要求土壤湿润，但不耐涝；苋菜为喜肥作物，通常以土层深厚、有机质丰富、土壤肥沃的菜园地最为适宜；苋菜抗性较强，且病虫害较少。

（二）营养与健康

中医认为苋菜的叶、种子和根均可药用，性凉味甘、入大、小肠经，能清热解毒、利尿除湿、通利大便。据《中药大辞典》记载，苋菜"清热利窍，可治赤白痢疾，二便不通"。此外，苋菜又被认为是蔬菜中的瑰宝，民间视苋菜为补血佳蔬，有"长寿菜""补血菜"的美称，苋菜中的多种养分在蔬菜中名列前茅，其赖氨酸含量达2.8%；钙、铁含量极高，高出菠菜含量的一倍多，而且没有草酸等干扰矿物质吸收的物质。同时含有较多的胡萝卜素和维生素C，民间有"六月苋，当鸡蛋；七月苋，金不换"的说法，是一种保健型蔬菜。此外，苋菜也有一些饮食禁忌，消化不良、腹满、肠鸣、大便稀薄的脾胃虚弱者要少吃或暂时不吃；烹调时间也不宜过长。

（三）种植方法

苋菜生长期为60天左右，从春季到秋季都可以栽培，夏季高温季节注意遮阴。

1. 播种

苋菜种子较小，不容易撒播均匀，在播前将细沙和种子按1∶5的比例混合均匀，再进行撒播。因其种子细小，播种后覆一薄层土即可，在15～20℃条件下一周左右出苗（图3-48）。

▲图3-48　苋菜种子

2. 日常管理

　　苋菜对土壤适应性较强，具有较强的抗旱能力，但不耐涝，不宜浇水过多。生长适温23～27℃，20℃以下生长缓慢（图3-49）。播种的苋菜一个星期后就会出苗，当苋菜小苗长到2、3片真叶时开始第一次间苗，拔除长势瘦弱的苗、遭受病虫害苗，留下长势好的小苗，可以开始施第一次的肥水。等到苋菜小苗长到5～6片真叶时开始第二次的间苗，此时间苗不仅要拔除不好的苗，还要让小苗间保持一定的距离，并施第二次的肥水。

▲ 图3-49　苋菜

3. 采收

　　苋菜植株长到20～25厘米的时候就可以采收了，采摘嫩茎叶即可（图3-50）。采摘时间应选在早晨的时候进行，保留苋菜侧枝。第一次采收后不要马上浇水，到了第二天就可以施肥水，这样有利于新叶的生长。

▲ 图3-50　待采收的苋菜

九、苦苣

（一）属性及环境要求

苦苣属菊科一二年生草本植物，是一种以生食为主的绿叶菜，因苦味而得名，原产于地中海沿岸，目前在世界各国均有分布。苦苣是一种中生阳性植物，生于山坡或山谷林缘、林下或平地田间、空旷处或近水处。苦苣喜水、嗜肥、不耐干旱，喜潮湿、肥沃而疏松的土壤，以微酸至中性沙堆土上生长最好；对干旱、土壤板结而贫瘠、原生草群密集或郁闭度大于0.4的林地等环境难以适应。苦苣的耐寒性比较强，气温达5℃时能缓慢生长，即便遇到−10℃的短期低温，苗株仍能保持青绿。

（二）营养与健康

苦苣性味苦、寒，入心、脾、胃、大肠经，无毒，具有抗

菌、解热、消炎、明目、凉血、止痢等作用。苦苣嫩叶富含蛋白质、碳水化合物、钙、磷、铁以及多种维生素和氨基酸，尤其是苦苣中富含胆碱等活性物质对预防和治疗心、脑血管疾病以及肝病等效果显著。

（三）种植方法

苦苣的生长期为40天左右，喜日照充足、冷凉湿润环境，家庭阳台一年四季均可种植。

1. 播种

苦苣种子在55℃温水浸种20分钟，直至水温降至30℃，浸泡1~2天后沥干并用湿纱布包好，在20~25℃条件下催芽。每天用清水冲洗1~2次，有70%种子露白时即可播种，也可以直接播种。播种前将基质浇透水，将苦苣种子撒播或穴播到基质上，再覆盖一薄层细土，然后覆膜保温保湿，促进发芽（图3-51至图3-54）。

◀ 图3-51　苦苣种子

图3-52　播种 ▶

图3-53　覆土 ▶

图3-54　覆 ▶
膜保温保湿

2. 日常管理

苦苣生长期间对环境条件的要求较宽，生长适温15～25℃；以排水良好、营养丰富的壤土栽培为好，在底肥充足条件下，生长期可以10天左右施一次有机肥；种植时保持土壤湿润，水量不宜过大。植株长成2～3片真叶时间苗，每穴留苗2～3株，间下的幼苗可以进行移栽（图3-55）。

▲ 图3-55　苦苣幼苗

3. 采收

苦苣生长速度快，播种后1～2个月，叶片充分长大、叶簇生长旺盛时即可采收（图3-56）。可整株一次性采收，也可多次采收叶片（图3-57）。

▲ 图3-56　苦苣采收

▲ 图3-57　采收的苦苣叶片

十、荠菜

（一）属性及环境要求

荠菜属十字花科荠菜属一年生草本植物，又名地丁菜、花花菜、清明菜等。原产中国，广泛分布于田野及路边。荠菜耐寒，喜冷湿、晴朗的气候条件，种子发芽适温为20～25℃，生长适温为12～22℃，可耐-7℃的短期低温；荠菜对光照要求不严，但在冷凉短日照条件下营养生长好；对土壤要求不严格，但以肥沃疏松黏质壤土最好。

（二）营养与健康

荠菜味甘性温，无毒，入手少阴、太阴，足厥阴经。有和脾、利水、止血、明目，治痢疾、水肿、淋病、乳糜尿、吐血、便血，血崩、月经过多、目赤疼痛等功效。荠菜所含的蛋白质、钙、维生素C尤其多，钙含量超过豆腐，胡萝卜素含量与胡萝卜相仿，富含氨基酸达11种之多，味道鲜美，多吃荠菜还可以保护眼睛，促进肠胃蠕动，提高人的新陈代谢能力，对高血压、糖尿病、痔疮等都有一定的疗效。

（三）种植方法

荠菜生长期约40天，喜冷凉环境，对日照要求不严，适于家庭阳台四季种植。

1. 播种

荠菜种子细小，播种后可不覆土或盖一薄层细土，种子发芽的最佳温度为10～26℃，14天左右出苗，出苗前，一定要注意浇水保湿，要"轻浇、勤浇"，不能一次浇透，每隔1～2天浇一次；也可以挖取上一年老根进行移栽（图3-58、图3-59）。

▲ 图3-58　荠菜种子

▲图3-59 播种

2. 日常管理

荠菜15～20天即可成苗，喜肥，播种前应施足底肥，在生长期可追肥2次；经常浇水，保持土壤湿润（图3-60）；生长期可以多晒阳光，使叶子厚实翠绿，不徒长。

▲图3-60 荠菜幼苗

3. 采收

荠菜生长周期短，一次播种，能多次采收，是一种很有发展前途的绿叶蔬菜（图3-61）。采收时做到密处多收，稀处少收，使留下的荠菜平衡生长。

▲ 图3-61　待采收的荠菜

十一、蕹菜

（一）属性及环境要求

蕹菜属旋花科番薯属一年或多年生草本植物，又名空心菜、通心菜、无心菜、瓮菜、竹叶菜等，茎圆柱形，有节，节间中空，节上生根，无毛。蕹菜原产于南方，性喜温暖、湿润气候，耐炎热，不耐霜冻，在长江流域各省露地4—10月都能生长。蕹菜在栽培上有品种之分，分为水蕹菜和旱蕹菜，北方以旱栽为主。蕹菜种子在15℃左右开始发芽，生长适温为20~35℃；属短

日照型植物，光照要充足，对密植的适应性较强，日照稍长就难于开花、结实，故常用无性繁殖。

（二）营养与健康

蕹菜的茎叶性味甘、寒，归肠、胃经，有凉血止血、清热利湿的功效。蕹菜是碱性食物，并含有钾、氯等调节水液平衡的元素，食后可降低肠道的酸度，预防肠道内的菌群失调。所含的烟酸、维生素C等能降低胆固醇、甘油三酯，具有降脂减肥的功效。空心菜中的叶绿素可洁齿防龋除口臭，健美皮肤。蕹菜中粗纤维素的含量较丰富，具有促进肠蠕动、通便解毒作用。蕹菜性凉，夏季常吃可防暑解热、凉血排毒、防治痢疾。蕹菜嫩梢富含蛋白质和钙，并含有较多的胡萝卜素、纤维素、木质素、果胶等，能够促进胃肠蠕动。

（三）种植方法

蕹菜生长期35天左右，喜保水、保肥力强的土壤，耐高温、不耐寒，北方除冬季外均可在阳台进行种植。

1. 播种

蕹菜种子种皮厚硬，直接发芽缓慢，用30℃温水把种子浸泡15～18个小时，然后纱布包好，放在28～30℃温度下催芽，有一半以上露白即可以播种。种子发芽适温为20～35℃，可直播，播种深度为2～3厘米为宜，覆1～2厘米厚的细土，覆膜保温保湿，促进出苗，也可以扦插育苗，将枝条剪成带有3～5个芽节的茎段，去除茎段下部叶片后直接插入水中，1～2天即可生根（图3-62、图3-63）。

▲ 图3-62 蕹菜种子

▲ 图3-63 播种

2.日常管理

播种后约1周种子发芽，发芽后要控制浇水量，不能让土壤过于潮湿，并注意通风、光照，使幼苗强壮。发芽后可以施肥一次，促进生长。当植株长到12厘米左右时，需要及时间苗、定植，拔除弱苗。蕹菜幼苗喜潮湿且不怕涝，蕹菜生长期间要求较多的水肥，需每天浇水，干旱会使嫩叶纤维增加，影响口感（图3-64）。

▲ 图3-64 蕹菜幼苗

3. 采收

一般在苗高25～35厘米时即可采收嫩梢，采摘时留基部2～3节，促进侧蔓萌发，可以采摘多次（图3-65）。还可以掐侧枝进行扦插，利用扦插苗循环生产蕹菜。蕹菜采摘3～4次后，要对植株进行一次重剪，保留基部1～2个节，疏去过弱的侧枝。

◀图3-65　蕹菜采收

十二、紫苏

（一）属性及环境要求

紫苏属唇形科紫苏属一年生草本植物，别名桂荏、赤苏、白苏、香苏，其嫩枝、嫩叶具有特异芬芳，可作调味佐料和蔬菜食用，是优良的保健性蔬菜。紫苏原产中国，现已成为备受世界关注的多用途经济植物。紫苏适应性很强，喜排水良好沙质土壤，喜温暖湿润的气候，种子在地温5℃以上时即可萌发，适宜的发芽温度18~23℃；苗期可耐1~2℃的低温；植株在较低的温度下生长缓慢，夏季生长旺盛。

（二）营养与健康

紫苏性味辛温，归肺、脾经，主要有解表散寒、行气和胃的功效，自古便有"风寒外感灵药"美誉。紫苏在中国常用作中药，而日韩多用于料理，是鱼类料理不可缺少的配料。紫苏全株均有很高的营养价值，具有低糖、高纤维、高胡萝卜素、高矿物质素等特点。紫苏种子中含大量油脂，出油率高达45%左右，也称苏子油，油中含亚麻酸62.73%、豆油酸15.43%、油酸12.01%，长期食用苏子油对治疗冠心病及高血脂有明显疗效。

（三）种植方法

紫苏的生长期在60天左右，不择土壤，喜湿润、不耐干旱，喜阳光充足，家庭阳台种植一般在春夏季进行。

1. 播种

可直播，也可育苗移栽；播种深度2～3厘米为宜，浅覆土，覆盖塑料薄膜或无纺布以保持土壤湿润，待种子出苗后去除覆盖物，一周左右即可出苗（图3-66、图3-67）。

▲ 图3-66　紫苏种子

▲ 图3-67 播种

2. 日常管理

紫苏长至2~4片真叶时开始间苗，可进行2~3次，以不拥挤为准。苗期需水量较多，应早晚浇水抗旱。长到8~10片叶时打顶，以促使分枝。生长期间根据长势随水施3~4次尿素。紫苏的分枝能力强，生长期要注意及时摘除分叉枝，以利植株的通风透光，一般留3对叶进行打杈摘心。高温期间注意适当遮阴。

3. 采收

紫苏只要叶片长到适合大小随时可采摘，一般每周采摘1次（图3-68）。以食用为主的要随时摘除花芽分化的顶端，使之不开花，维持茎叶旺盛生长。

▲ 图3-68　紫苏采收

十三、木耳菜

（一）属性及环境要求

木耳菜属落葵科菊三七属一年或多年生草本植物，别名藤菜、落葵、豆腐菜、紫葵、胭脂菜、篱笆菜，以幼苗、嫩梢或嫩叶供食；可作汤菜、爆炒、烫食、凉拌等，其味清香，咀嚼时如吃木耳一般清脆爽口；在南北方普遍栽培，在南方热带地区可多年生栽培，在北方多采用一年生栽培。木耳菜较耐高温，在35℃的条件下仍能继续生长，但不耐寒，基本上10℃以下停止生长，甚至发生冻害；较耐湿，但不能长期积水；在基肥充足情况下，只要保证水和光照即可正常生长。

（二）营养与健康

木耳菜味甘、酸，性寒，归心、肝、脾、大肠、小肠经；具有清热、解毒、滑肠、润燥、凉血、生肌的功效；可用于治疗便秘、痢疾、疖肿、皮肤炎症等病。

木耳菜的营养素含量极其丰富，尤其钙、铁等元素含量最高，常食木耳菜有健脑、降压、补骨、增智、强身、健体之功效，便秘患者可以多食。孕妇及脾胃虚寒者慎食。

（三）种植方法

木耳菜生长期40天左右，较耐湿，易管理，生长适温25～30℃，在阳台可以全年种植。

1. 播种

木耳菜种皮坚硬，发芽困难，播前必须进行催芽处理。先用35℃温水浸种1～2天后，捞出放在25～30℃温度下催芽4天左右，种子"露白"即可播种。木耳菜种子较大，一般采用点播法播种，每穴播2～3粒种子，覆土1～2厘米，浇透水后覆膜保温保湿，一般7～10天发芽（图3-69至图3-71）。木耳菜也可以扦插繁殖，用市场购买的带嫩茎的木耳菜，截成10～15厘米小段，去除顶芽，插入土中扦插生根。

▲ 图3-69　木耳菜种子

▲ 图3-70　播种

▲ 图3-71　覆膜

2. 日常管理

　　木耳菜幼苗长到2～3片真叶的时候可以适当间苗，每穴保留1株健壮的幼苗，一般是2～3株一盆（图3-72）。当植株长到20～30厘米的时候，如果家庭阳台空间足够，可以设立支架，牵引藤蔓。基肥充足时，木耳菜保证水和光照充足、土壤湿润、不积水即可正常生长。

▲ 图3-72　木耳菜间苗

3. 采收

木耳菜可以直接采摘嫩叶食用，或采摘顶端嫩茎（10～15厘米）（图3-73）。可采用前期割嫩梢、中期采嫩叶的方法。每次采摘后都要追肥1次。采摘前不要施肥，以免影响叶片食用。以叶片食用时，可以摘除顶芽，促使侧芽萌发。

▲ 图3-73 木耳菜采收

十四、芝麻菜

（一）属性及环境要求

芝麻菜属十字花科芝麻菜属一年生草本植物，在东北也叫臭菜，茎叶作蔬菜食用，有浓郁的芝麻香味，非常适合做沙拉、烧熟食用或做汤均可；亦可作饲料；种子可榨油，供食用及医药用。芝麻菜原生于东亚与地中海地区，对环境要求不严格，具有很强的抗旱和耐瘠薄能力，在路旁或荒野均可生长。种子发芽的最适宜温度为15~20℃。在土壤含相对含水量70%~80%的情况下茎叶生长更好。

（二）营养与健康

芝麻菜味甘、平，性微寒，可治中风、暑热之症。芝麻菜有兴奋、利尿和健胃的功效，对久咳也有特效。芝麻菜的嫩茎叶含有多种维生素、矿物质等营养成分，其维生素C的含量是菠菜的2倍左右，因此可以美白肌肤，还有助于预防感冒。

（三）种植方法

芝麻菜生长期为35天左右，生长适温20℃左右，保持土壤湿润，对光照要求不强，很适合阳台种植。

1. 播种

由于芝麻菜的间苗菜和嫩叶都可以食用，所以播种时可以多撒些种子，薄薄的覆上一层土，盖住种子即可，覆土浇足水，放在阴凉湿润环境中，播种4~7天后出苗（图3-74、图3-75）。

▲ 图3-74 芝麻菜种子

▲ 图3-75 播种

2. 日常管理

芝麻菜长出3~4片真叶时间苗，间苗后视长势追肥；视土壤干湿度浇水，以小水勤浇为原则，不要长时间干旱，以保持叶片鲜嫩（图3-76、图3-77）。叶子在阴凉潮湿环境中生长较快，味芳香，无苦味。

▲ 图3-76　芝麻菜幼苗

▲ 图3-77　间苗

3. 采收

芝麻菜播种后30～40天即可采收，可多次采收外叶或整株一次性采收（图3-78）。采收前5～7天不宜追肥，以免影响品质。

▲ 图3-78　芝麻菜采收

十五、乌塌菜

（一）属性及环境要求

乌塌菜属十字花科芸薹属芸薹种白菜亚种的一个变种，又名塌菜、塌棵菜、塌地松、黑菜等，叶片肥嫩，可炒食、作汤、凉拌，色美味鲜。原产中国，主要分布在长江流域。按叶形及颜色可分为乌塌菜和油塌菜两类。乌塌菜不耐高温、耐旱性较强，种子发芽适温20～25℃，生长发育适温15～20℃，能耐-10～-8℃的低温，在25℃以上高温则生长不良。乌塌菜喜光，弱光易引起徒长，茎节伸长，品质下降。乌塌菜在生长盛期要求肥水充足，需氮肥较多、钾肥次之、磷最少。对土壤适应性较强，但以富含有机质、保水保肥力强的微酸性黏壤土最为适宜。

（二）营养与健康

乌塌菜味甘性平，无毒，入肝、脾、大肠经，具有疏肝健脾，滑肠通便的功效；能清热利尿、养胃解毒、具有降血压、血脂的功能。乌塌菜中含有大量的膳食纤维、钙、铁、维生素C、维生素B_1、维生素B_2、胡萝卜素等，也被称为维生素菜，膳食纤维对防治便秘有很好的作用，常吃乌塌菜可以增强人体抗病能力，美肤保健。乌塌菜营养丰富，每100克鲜叶中含维生素C高达70毫克，钙180毫克及铁、磷、镁等矿物质，也被称为"维他命"菜。

（三）种植方法

乌塌菜生长期60天左右，性喜冷凉，对光照要求较强，弱光易引起徒长，对土壤的适应性较强。

1. 播种

乌塌菜耐寒性较强，北方家庭阳台全年均可种植，但夏季高温时，应注意遮阴。乌塌菜种植容器不宜过小，塑料菜箱和大的花盆均可；可直播，也可育苗移栽；播种深度2～3厘米为宜，覆盖1～2厘米的细土，可覆膜保温保湿，一般播种5～6天出苗（图3-79至图3-81）。

▲ 图3-79　乌塌菜种子

▲ 图3-80　播种

▲ 图3-81　覆土

2. 日常管理

直播的菜苗长出2~3片真叶时陆续进行间苗，拔掉弱苗、除杂草；育苗移栽的，苗长到4~5片真叶的时候就可以移栽了，选择生长健壮的一株幼苗，连带根部的土一起放进盆中挖好的坑里，压实土壤，浇透水，间下的幼苗可以移栽（图3-82、图3-83）。乌塌菜主根肥大，须根发达，对土壤适应性强，以富含有机质，保水保肥强的黏土栽培为佳，整个生长期以氮肥为主，需水量较大，需保持土壤湿润。

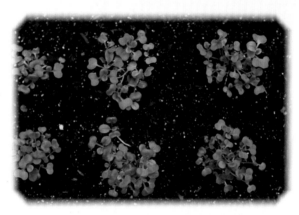

▲ 图3-82　乌塌菜幼苗

▲ 图3-83　乌塌菜移栽

3.采收

阳台盆栽种植乌塌菜在生长后期开始可以陆续采收，可以整株一次性采收，也可以逐次掰叶采收（图3-84、图3-85）。

▲ 图3-84 待采收的乌塌菜

▲ 图3-85 乌塌菜采收

十六、穿心莲

（一）属性及环境要求

穿心莲属爵床亚科穿心莲属一年生草本植物，又名露草、花蔓草、牡丹吊兰、心叶冰花等，多年来一直作为花卉观赏用。现作为蔬菜，主要食用其嫩茎叶。穿心莲喜高温、湿润气候，喜阳光充足、喜肥。种子发芽和幼苗生长期适温为25～30℃，气温下降到15～20℃时生长缓慢；气温降至8℃左右，生长停滞；遇0℃左右低温或霜冻，植株全部枯萎。以肥沃、疏松、排水良好的酸性和中性沙壤土栽培为宜，pH值为8.0的碱性土仍能正常生长。

（二）营养与健康

穿心莲全草入药，中医认为它性寒味苦，有清热解毒、泻火燥湿等方面的功效，临床上可以用于风热感冒、肺热咳嗽、咽喉

肿痛以及毒蛇咬伤等方面的疾病症状，可内服也可外用。穿心莲主要有效成分为穿心莲内酯以及穿心莲黄酮成分，有解热抗炎、增强免疫力、保护心血管、抗肿瘤的作用。植株富含维生素C、叶酸、叶黄素及多种维生素，具有抗氧化、消炎、去火、解毒等功效。穿心莲性寒，对于寒性体质、阳虚证及脾胃弱者慎服。

（三）种植方法

食用穿心莲生长期75～90天，喜阳怕阴，宜干燥、通风环境，喜排水良好沙壤土。

1. 播种

穿心莲种子细小，种皮坚硬，外包有一层蜡质，对播种技术要求较高。土壤要求肥沃疏松，耙平整细，种子在播种前要用细砂纸或砂磨去种皮蜡质再用温水浸种，再放在30℃温箱中催芽，然后播种，置于阳光好通风处，约5天出苗。也可以将从市场购买的穿心莲摘掉嫩叶，把老茎叶放入水中生根，将生根后的穿心莲移栽到花盆里，浇透水即可（图3-86至图3-88）。

▲ 图3-86　穿心莲种子

◀ 图3-87　穿心莲水培生根

图3-88　盆栽穿心莲 ▶

2. 日常管理

出苗前要经常保持苗床湿润，苗出齐后，应控制土壤湿度，有3~4对真叶时即可移栽。把弱苗拔掉，留粗壮苗；幼苗期要注意遮阴通风，生长过程中及时浇水，适当施肥，以利于幼苗扎新根，最佳生长温度25~30℃。

3. 采收

穿心莲旺盛生长时，采收嫩叶食用（图3-89）。可食用的部分为嫩枝或叶片，根据长势适时掐尖或摘叶食用。掐尖后会在叶腋处发出新枝继续生长，全年可多次采摘食用。注意采摘后加强肥水管理。

▲ 图3-89　穿心莲采收

十七、京水菜

（一）属性及环境要求

京水菜属十字花科芸薹属一二年生草本植物，有白京水菜（白茎千筋京水菜）和紫京水菜（水晶菜）2个品种（图3-90、图3-91），是日本最新育成的一种外型新颖、含矿质营养丰富的蔬菜新品种。京水菜喜冷凉的气候，在平均气温15～20℃和阳光充足的条件下生长最宜；在10℃以下生长缓慢，不耐高温。喜肥沃疏松的土壤，生长期需水分较多，但不耐涝。

▲ 图3-90　白京水菜

▲ 图3-91　紫京水菜

（二）营养与健康

京水菜含钾高、含钠低，对调节心血管功能有相当好的作用。其矿质营养含量丰富，风味清香，品质柔嫩，是涮火锅的上好配菜，可作汤、炒食，也可腌渍后食用。

（三）种植方法

京水菜生长期30天左右，喜冷凉的环境，喜光，不耐涝，适宜家庭阳台春秋季种植。

1. 播种

种子直播后，覆盖约1厘米厚的细土，保持土壤湿润，4~5天即可发芽（图3-92、图3-93）。

▲ 图3-92　京水菜种子

▲ 图3-93　播种

2. 日常管理

京水菜苗期生长缓慢，出2～3片真叶时分苗移栽定植，定植不宜过深，小苗的基部均应在土面之上，否则容易烂心。定植后浇足水，其后2～3天视土壤墒情浇水，缺水品质会变差，纤维含量会增多；在肥沃疏松土壤上栽培长势好。生长前期一般不追肥，分生小侧枝时再追施2～3次肥料；在18～20℃和阳光充足的条件下生长最宜（图3-94、图3-95）。

▲ 图3-94　京水菜幼苗

▲ 图3-95　京水菜间苗

3. 采收

当京水菜苗高15厘米左右时，可整株采收，也可以掰叶多次采收（图3-96、图3-97）。

▲ 图3-96　待采收的京水菜

▲ 图3-97　已采收的京水菜

十八、香菜

（一）属性及环境要求

香菜属伞形科芫荽属一二年生草本植物，又名胡荽、香荽，有强烈气味的草本。有大叶和小叶两个类型。大叶品种植株较高，叶片大，产量较高；小叶品种植株较矮，叶片小，香味浓，耐寒，适应性强，但产量较低。能耐-1～2℃的低温，适宜生长温度为17～20℃，超过20℃生长缓慢，30℃则停止生长，耐冷凉湿润环境，在高温干旱下生长不良。对土壤要求不严，但土壤结构好、保肥保水性能强、有机质含量高的土壤有利于香菜的生长。

（二）营养与健康

中医认为香菜性味辛、温，入肺、胃经。有发表透疹、健胃之功。全草可用于麻疹不透，感冒无汗；果可用于消化不良，食欲不振。香菜营养丰富，内含维生素C、胡萝卜素、维生素B_1、维生素B_2等，同时还含有丰富的矿物质，其挥发油含有甘露糖

醇、正葵醛、壬醛和芳樟醇等，可开胃醒脾。香菜中含的维生素C的量比普通蔬菜高得多，一般人食用7～10克香菜叶就能满足人体对维生素C的需求量；食用方面香菜带有辛辣清香气味、能去腥解腻，常被用作菜肴的点缀、提味之品。

（三）种植方法

香菜的生长期为60天左右，一年四季均可种植，一般在9月种植，8月种植需要选用抗热品种。

1. 播种

播种前要先搓掉种子表皮并用温水浸泡，再将浸泡好的种子均匀撒在湿润土壤表面，之后在种子上覆盖一层营养土，或者用秸秆平铺在上面（图3-98、图3-99）。

▲ 图3-98　香菜种子

▲ 图3-99 香菜种子播种

2. 日常管理

1～2周种子即可发芽，发芽之后不用浇太多水，保持湿润即可。香菜不耐旱，当植株进入生长期后，要每隔3～5天浇水1次，保持土壤湿润（图3-100），长出4～5片真叶时陆续间苗，间苗菜可以直接食用，或另行找容器栽植。在香菜生长过程中可视情况适当施肥1次，同时早晚让植株接受阳光照射，香菜会长得更快、更粗壮。

▲ 图3-100 香菜幼苗

3. 采收

香菜长至10~20厘米就可以整株或掰叶采收（图3-101），先采摘大的、植株密实的，可以给小一些植株留下生长空间，以便持续采摘。

▲ 图3-101 香菜采收

十九、香葱

（一）属性及环境要求

香葱属百合科葱属多年生宿根草本植物，又称冬葱、火葱、细香葱或四季葱，植株小，叶极细，质地柔嫩，味清香，微辣。香葱喜凉爽的气候，耐寒性和耐热性均较强，相对来讲，这是一种极容易种植的蔬菜。

（二）营养与健康

我国传统医学认为，葱味辛、温，有解热、祛痰之功。葱的挥发油等有效成分，具有刺激身体汗腺，达到发汗散热的作

用，能够防止感冒、头疼、鼻塞。葱中所含大蒜素，具有明显的抵御细菌、病毒的作用；香葱所含果胶，可明显地减少结肠癌的发生，有抗癌作用；葱内的蒜辣素也可以抑制癌细胞的生长。香葱富含维生素A和钙，主要用于调味，能化腥去膻，产生特殊香气，有助增进食欲。香葱以食用嫩叶为主，可以去除动物性食品的腥味，尤其对水产品去腥臭效果极佳。

（三）种植方法

香葱的生长期为60天左右，一年四季皆可种植，分蘖能力强。

1. 播种

香葱种子可以在种子店买到，播种前需要将种子用水浸泡。发芽适温13～20℃。将种子撒播于土面，覆土1厘米左右，浇透水，温度合适约2周发芽，小苗时期生长较慢，发芽4～5周后可以移栽（图3-102、图3-103）。

▲ 图3-102　香葱种子

▲ 图3-103　播种

2. 日常管理

香葱根系分布浅，需保持土壤湿润，生长期应该小水勤浇；不耐浓肥，可以在生长至10厘米时施肥1次，以腐熟有机肥为好，两个半月左右，长到15厘米左右，可以移栽，注意保护根部，用土壤将裸露的根部覆盖；对光照要求不严，夏季避免暴晒；喜凉爽而不耐热，生长适温18~23℃，28℃以上或11℃以下生长缓慢，夏季高温时容易休眠（图3-104）。

▲ 图3-104　香葱幼苗

3. 采收

当细香葱长至20～30厘米时，即可采收，可整株一次采收，也可多次采收茎叶，鳞茎可用于继续繁殖（图3-105）。

▲ 图3-105　待采收的香葱

二十、薄荷

（一）属性及环境要求

薄荷属唇形科多年生草本植物，又称野薄荷、接骨草、鱼香草，全株散发芳香，是一种有特种经济价值的芳香作物。食用部位为幼嫩茎尖，是一种菜、药兼用的保健蔬菜。根据薄荷茎秆颜色及叶子形状不同，可将薄荷分为2种类型：紫茎紫脉类型和青茎类型。薄荷对环境条件适应能力较强，温度适应范围较广，能耐-15℃低温，生长最适宜温度为25～30℃。气温低于15℃时生长缓慢，高于20℃时生长加快。在20～30℃时，只要水肥适宜，温度越高生长越快。薄荷为长日照作物，性喜阳光。对土壤的要求不十分严格，一般土壤均能种植，以沙质壤土、冲积土为好。

（二）营养与健康

薄荷性味辛凉，归肺肝经，是中国常用中药，幼嫩茎尖可作菜食，全草又可入药，治感冒发热喉痛、头痛、目赤痛、肌肉疼痛、皮肤风疹瘙痒、麻疹不透等症，此外对痈、疽、疥、癣等亦有效。薄荷含有薄荷醇，该物质可清新口气并具有多种药性，可缓解腹痛、胆囊问题如痉挛，还具有防腐杀菌、利尿、化痰、健胃和助消化等功效。大量食用薄荷可导致失眠，但小剂量食用却有助于睡眠。

（三）种植方法

薄荷繁殖能力、生命力均很强，喜阳光照射，环境适宜地区可以栽植1次进行2～3年的连续采收。

1. 播种

薄荷栽种方式有根茎栽植、分株栽植和扦插繁殖三种。种子繁殖参照香菜种子繁殖方法。但是家庭种植推荐直接用枝条扦插。将剪好的茎段（10厘米左右，保证每段有1~2个茎节）置于清水中，促进其生根（图3-106、图3-107），温度适宜的条件下，一般2周左右即可生根；生根后移入15~20厘米深的花盆中，浇透水后，适当遮阴，2周左右即可成苗。

▲ 图3-106　薄荷生根

▲ 图3-107　室内水培薄荷

2.日常管理

薄荷喜温暖、湿润，需肥量很大。薄荷养分要充足，枝条扦插到土里后，要经常浇水，到长出嫩叶来的时候，就可以晒太阳了。条件合适可以把盆栽薄荷从阳台上拿到户外养护一段时间，它会长得更加壮实茂盛。它最适合生长的温度是在20℃左右，夏季需要每天浇水。

3.采收

主茎高20厘米左右时，即可开始采收嫩叶茎（图3-108），每15～20天采收一次。植株开花后叶片变硬，失去食用价值，所以发现植株现蕾应及时将花蕾掐掉。一年四季均能对薄荷进行采摘，4—8月因气候适宜而产量最高、品质最佳。

▲ 图3-108 采收的薄荷茎叶

二十一、蒜苗

（一）属性及环境要求

大蒜为百合科葱属，是大众餐桌必不可少的调味品。蒜苗是大蒜幼苗发育到一定时期的青苗，又称蒜毫、青蒜，具有蒜的香辣味道，以其柔嫩的蒜叶和叶鞘供食用。蒜苗喜欢阳光充足的环境，适量浇水，水太多易徒长，土壤干透后再浇水，喜肥。

（二）营养与健康

大蒜味辛性温，归脾、胃、肺、大肠经，有温中行滞、解毒、杀虫之功效。蒜苗含有丰富的维生素C以及蛋白质、胡萝卜

素、硫胺素、核黄素等营养成分。它的辣味主要来自其含有的辣素，这种辣素具有消积食的作用。此外，吃蒜苗还能有效预防流感、肠炎等因环境污染引起的疾病。蒜苗对于心脑血管有一定的保护作用，可预防血栓的形成，同时还能保护肝脏。

（三）种植方法

大蒜整个生长周期150天左右，种植方法简单，适宜家庭阳台种植。

1. 播种

作为蒜种的大蒜要选择新鲜、饱满、蒜瓣较大的品种，蒜苗的种植对种植容器的要求不高，可有效利用阳台的闲置空间。蒜瓣在3～5℃的低温条件下就可以发芽。播种前一晚用20℃的清水浸泡蒜种，使蒜头吸水膨胀；再将蒜瓣栽到土壤中，以沙土最好，在土中挖3～5厘米、间隔10厘米的小坑，将泡好的大蒜插入，使蒜瓣顶尖朝上，覆土3厘米，将容器放置于背阴处，浇透水。水培时，将蒜种竖直排列在容器里，水面深度保持浸没蒜瓣即可（图3-109、图3-110）。

▲ 图3-109　土培大蒜

▲ 图3-110　水培蒜苗

2. 日常管理

在室温条件下，大蒜出芽较快，如室温过低，则可以在容器表面覆盖塑料薄膜保温，促进大蒜发芽。水培时蒜瓣生根固定后，通常1～2天换1次水，以保持水的新鲜。浇水过程中需观察，发现有腐烂或者萎缩的蒜瓣及时去除，以免影响全盘生长。土壤栽培大蒜注意浇水，夏季避免高温暴晒。

3. 采收

当蒜苗长到20~25厘米时即可以收割蒜苗食用。水培大蒜2~4天就可以生出蒜苗，7~10天就可以采收，一般可以连续收割2~3茬，当水中的蒜瓣萎缩营养基本耗尽的时候则进行最后一茬采收（图3-111）。土壤栽培大蒜20天左右可以收割，剪完之后注意追肥。

▲ 图3-111　蒜苗已完成采收

二十二、芽苗菜

（一）芽苗菜的种类

芽苗菜是各种谷类、豆类、树类的种子培育出可以食用的"芽菜"，也称"活体蔬菜"。目前，市场上火爆的芽苗菜有：苜蓿芽苗菜、油葵苗、香椿芽苗菜、松柳、芽球菊苣、荞麦芽苗菜、花椒芽苗菜、小麦草、绿色黑豆芽苗菜、相思豆芽苗菜、葵花籽芽苗菜、萝卜芽苗菜、龙须豆芽苗菜、花生芽苗菜、蚕豆芽

苗菜等30多个品种。黄豆芽和绿豆芽是人们日常生活常见的芽菜品种。

（二）营养与健康

植物种子往往储藏较多的蛋白质、碳水化合物等营养物质，芽菜正处于生长旺盛阶段，营养价值也较高，特别是在维生素、矿物质、保健成分等方面。芽苗菜可以强化细胞的更新能力，供给细胞充足而均衡的营养素，有延缓衰老功效；大多数芽苗菜都具有健脾和胃的作用，芽苗菜对癌症、艾滋病都有很好的辅助治疗作用；芽苗菜所含的大量纤维可刺激肠道蠕动，促进排便；经常食用还可以起到减肥、降血脂、降胆固醇和降血糖的作用；对增进肢体末端血液循环，改变手足冰凉、肢体麻木有辅助疗效。

（三）生芽方法

芽苗菜生长周期较短，一般来说，不用施肥和打药就能保证质量和产量，因此基本上是无公害蔬菜，安全性相对更高。

1.豆种的选择与处理

选择当年产的、颗粒饱满、无虫蛀的黄豆（绿豆），去掉杂质，先用清水冲洗一遍，先在容器中加水，使种子完全浸入水中，浸泡8～12小时后豆粒充分胀大（图3-112、图3-113），再用清水冲洗一遍后将豆粒沥干，平铺于洁净的容器中，用湿毛巾或者纱布覆盖遮光，放置在室温条件下催芽，每隔3～4个小时冲洗和翻动1次。

▲ 图3-112　浸泡黄豆

▲ 图3-113　浸泡绿豆

2. 日常管理

一般芽苗菜发芽和生长的适温为20～25℃，温度过高会出现烧芽、烧根或者死芽，温度过低出现红根现象。家庭自制芽苗菜，通常以改变淋水次数调节温度，室温低于20℃时，需要用温水冲淋，多余的水要倒掉，并将毛巾或纱布盖严（图3-114、图3-115）。

▲ 图3-114　黄豆出芽

▲ 图3-115　绿豆出芽

3. 采收

一般7天左右可以采收豆芽，冬季温度低时需要10～12天。生长良好的豆芽胚茎洁白粗壮，真叶尚未伸出（图3-116、图3-117）。

▲图3-116　可食用的黄豆芽

▲图3-117　可食用的绿豆芽